수학 비밀 일기 ④

등장 인물

강도훈

수학을 잘해 성하의 수학 공부를 도와준다. 보석요정의 정체를 밝히려고 노력한다.

동방재진

성하의 선배, 아이돌 그룹 루키의 멤버로 성하의 짝사랑 대상이다.

최성하 4학년 여학생

아빠가 외국에 나가 계셔서 엄마랑 단둘이 살고 있다. 네로를 만난 뒤 사건에 휘말리면서 보석의 힘을 깨닫기 시작한다.

주은비

성하의 단짝 친구 항상 성하를 도와준다.

지난 줄거리

은비에게 정체를 들킨 성하는 비밀을 지켜 줄 것을 부탁한다. 미술 시간이 되어 성하 네 반 친구들은 학교 앞 동산으로 그림을 그리러 가고, 이를 지켜보던 미호와 X는 음모를 꾸민다. 결국 흑마법에 걸린 영호 가 아이들의 그림을 훔치기 시작하고, 성 하와 네로는 이를 저지한다. 한편 도훈은 성하를 보석요정이라고 의심하는데…….

X

미호와 같은 종족으로 항상 미호의 옆에 있다.

네로

성하와 함께 지내는 고양이. 각성하면 인간 소년이 된다. 물의 힘을 가지고 있다.

미호

꼬리가 있는 여우. 자연의 힘이 있는 보석을 노린다.

차 례

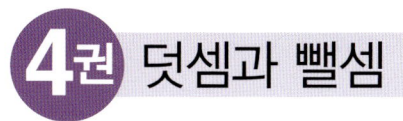
4권 덧셈과 뺄셈

두근두근!
첫사랑의 콘서트장으로

[덧셈과 뺄셈] 학습 내용

받아올림이 있는 덧셈과 받아내림이 있는 뺄셈을 이용하여 덧셈과 뺄셈의 관계를 익히고 여러 가지 방법으로 계산하기를 해 봅니다. 또 어떤 수를 □로 나타내고 □를 포함하는 덧셈식과 뺄셈식에서 □의 값을 구해 봅니다. 더 나아가 덧셈과 뺄셈이 섞여 있는 세 수의 혼합 계산도 배워 봅니다.

제 1 화
성하의 비밀?

이건 보석요정의 모자에 있던 깃털이야. 어째서 성하의 가방에서 나온 거지?

혹시 성하가 보석요정? 아니야, 그럴 리가 없어…….

성하야, 너 계속 여기 있었어? 어디 안 가고?

응?

하, 하하하!
화, 화장실 갔을
때인가 보다!

……

하하하! 화장실
갈래? 응?

응?

끄아악! 뭐라고
말해야 하나?
*당황해서 생각이
안 나~

하하~

하하! 빨리
가자! 가자!

???

* 당황하다 : 놀라거나 매우 급하여 어찌할 바를 모르다.

하하하~

......

??

뭔가를 숨기고 있는 것 같아.

성하야, 너에게 무슨 비밀이라도 있는 거야?

휘이이잉

며칠 후

흠~ 좋아! 며칠을 고민해 봤지만 숨기는 게 있다면 밝혀 주는 게 나의 목표!

찰칵
찰칵

마음에 걸리는 게 있을 바에는 확실히 알아보고 성하를 믿는 거야.

성하를…… 믿고 싶으니까.

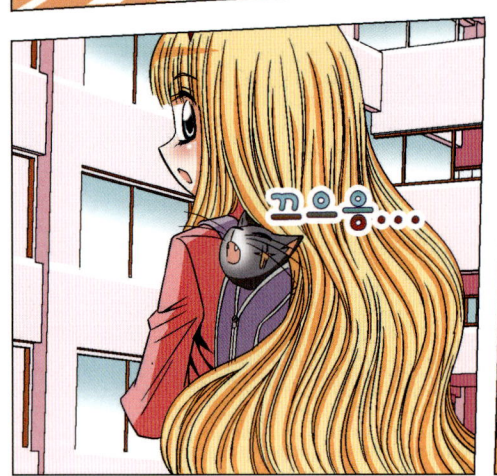

끄으응…

찰칵
찰칵

저것도 숨은 거라고……. 엄청 튀어! 계속 따라다니면서 사진을 찍고 있어!

하하하
하하하

……

내 눈엔 평범하고
착한 성하의 모습만
보이는데……. 역시
내가 착각한 걸까?

아직 잘 모르겠어.
모든 게
수수께끼야.

그게 정말
너일까?

네가 정말
성하야?

며칠 후

꺄아아~~!
학교 끝났으니
어서 티켓 사러
가자!

꺄아아~

나도!
나도~!

다음 달에
루키 오빠들이
콘서트를
한다고?

그렇다니까.
이번엔 정말
화려하게 한대.

루키라면
재진 오빠가 있는
그룹······.

나도 콘서트
티켓 구해 볼까?

이미 인터넷
*예매는 다
*매진됐대.

뭐라고? 안 돼!
오빠들 봐야 한단
말이야~

휙

반응이
엄청난데?

나도~

파
아

오빠들! 내가
어떻게든 티켓을
구하고 말 거야~

하아~ 나도
가고 싶다~

*예매 : 정해진 때가 되기 전에 미리 삼.
*매진 : 모두 다 팔림.

홋! 우리 삼촌이 루키 *소속사에서 일하는 사람하고 친한데……

뭐라고?

나는 삼촌한테 부탁해서 티켓 받았지. 한 장 더 있는데~ 호호호호!

휙 휙

티, 티켓 이다!

타다닥

아린아, 나도 주면 안 될까?

우리 것도 ~ 응?

와아♡

생각해 보고~ 호호호!

아린아~ 제발~~

웅성 웅성

누굴 줄까?

척!

CONCERT

으……

아린아, 그 티켓 나 좀 ……

하…

*소속 : 일정한 단체나 기관에 딸림.

아린아~

떠, 떨어져~

후다닥

뭐가 그렇게 가고 싶은지 난 잘 모르겠어.

아린이 인기 엄청 많네~

나도 가고 싶은데……

흥.

응?

왜? 루키는 지금 최고 인기 *아이돌 가수 라고~

인터넷에 동영상도 뜨는데 뭐 하러 그 사람 많은 곳에 가? 간다고 루키가 알아봐 주는 것도 아닌데 …….

그래도 직접 가서 보는 거랑 나중에 영상으로 보는 거랑 다르단 말이야. *음향도 훨씬 좋고~

가수도 개미처럼 작게 보일 텐데 …….

나 같으면 차라리 집에서 TV나 보겠다. 가수들 얼굴도 크게 보이고~

으으…

* 아이돌(idol) : 많은 사람에게 떠받들여지면서 사랑을 받는 사람

* 음향 : 물체에서 나는 소리와 그 울림

안녕?

재진 오빠?

딸꾹!

안 그래도 성하 너에게 가던 길이었는데, 잘됐다.

나한테?

내 콘서트 티켓을 주려고 왔지.

ㅈ자

ㅈ자

ㄴ

스윽

고마워! 안 그래도 정말 가고 싶었는데~

성하야, 정말 좋겠다~

그럴 줄 알았지.

친구도 같이 보러 와. 티켓은 더 있거든.

와! 고, 고마워요!

이렇게 말하면 잘난 체하는 것 같지만, 이미 표가 매진되어서 구하기 힘들 거야.

꼭 와 줄 거지?

아까 차의 창문이 열려 있어서 오다가 들은 소리가 있는데.

다, 당연히 나도 가려고 그러지요.

내 콘서트 티켓은 뭐하게?

뜨끔!

그런 콘서트 티켓 열 장을 줘도 안 간다고 했던가?

오...

그건, 열 장은 필요 없고 한 장이 필요하다는…….

하하하…

흠~ 티켓 한 장이 더 있긴 한데…….

좋아. 그냥 주면 재미없으니까 내가 문제를 내서 맞히면 이 티켓을 줄게.

깜짝

정말요?

엄청 쉬운 문제부터! 우리 루키의 멤버 수는 몇 명일까요?

음…….
한 34명?

조, 좁아
…….

그 숫자면 작은 무대에는 다 올라가지도 못하겠다.

하하하

그건 농담이고…….
음… 몇 명이지?

힌트를 줄까? 그 34명 중에 우리 루키 멤버 수를 빼면 29명이야.

$$34 - \square = 29, \quad 34 - 29 = \square$$

흠! 그럼 식으로 만들면 $34 - \square = 29$ 이고, $\square$는…….

$34 - 29 = 5$.
그렇다면 루키의 멤버 수는 5명!

짝짝

정답이야!

Quiz

$\square$ 안에 알맞은 수를 써넣으시오.

(1) $19 + \square = 27$
⇨ $27 - 19 = \square$

(2) $23 - \square = 16$
⇨ $23 - 16 = \square$

▶ 정답은 26쪽에

루키는 요즘 최고의 인기 아이돌 그룹이야. 내가 잘 이해할 수 있게 설명해 줄게!

뭘 설명까지
…….

듬직하면서 남자다운 맏형 '최고형빈'

춤을 제일 잘 추는 신동이라 '신동재영'

상냥하고 곡을 잘 쓰는 '유유민우'

귀여운 막내 '하늘동호'

제일 인기 많고 노래 잘하는 '동방재진'

저 형만 오면 이래.
난 원래 이렇게 화내는
성격이 아닌데, 내가 왜
이러는 걸까?

응?

휙

깜짝

이크!

?

내가 나답지
않을 정도로
발끈하다니……

도훈이가
왜 저러지?

잠깐 나온
거라서 나는 어서
들어가 봐야 해.

아…….
가려고?

끄덕
끄덕

아쉬워하지
말고 금방 보는
거니까…….

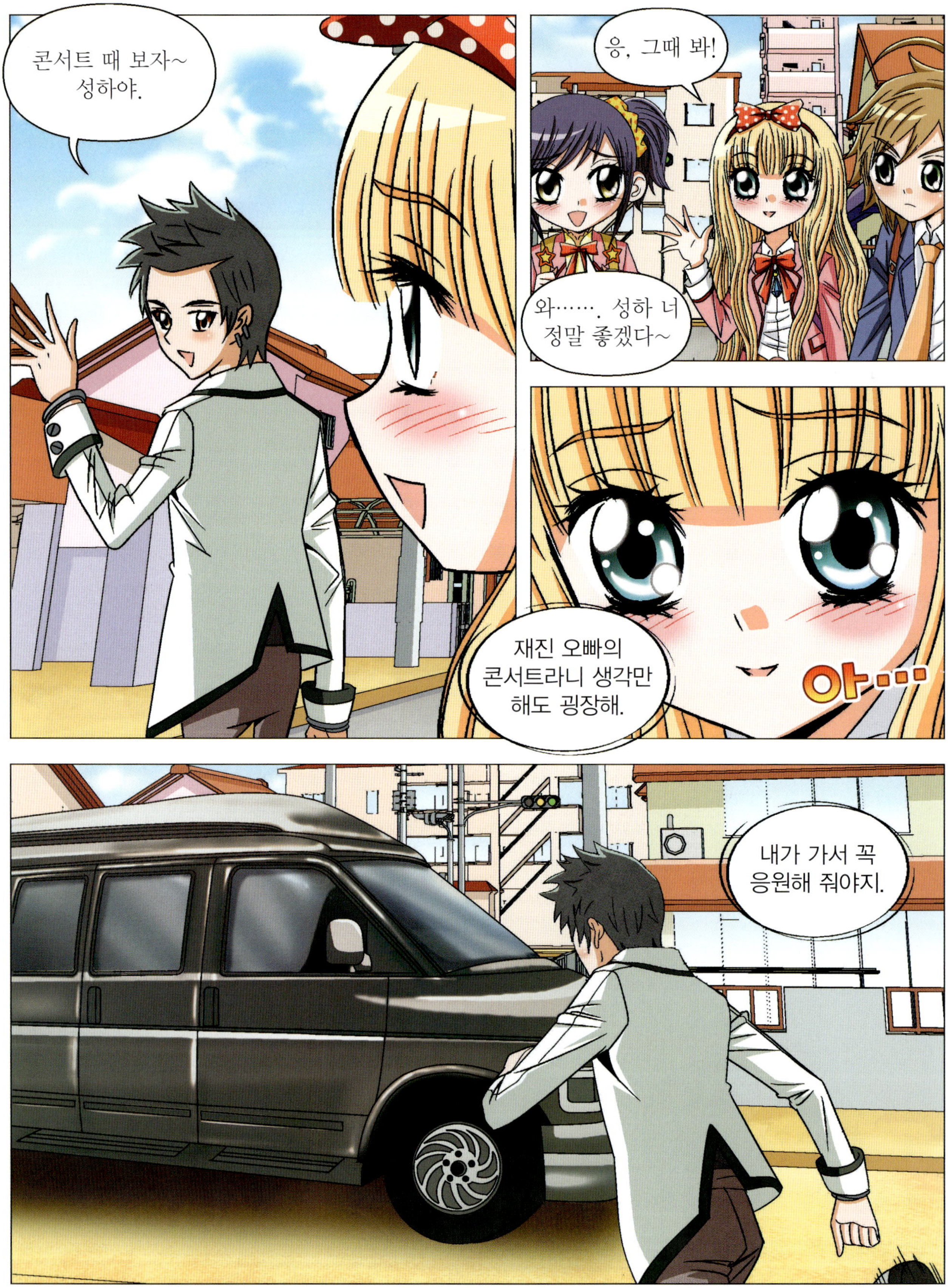

콘서트 때 보자~
성하야.

응, 그때 봐!

와......, 성하 너
정말 좋겠다~

재진 오빠의
콘서트라니 생각만
해도 굉장해.

아…

내가 가서 꼭
응원해 줘야지.

흠, 티켓도 받았으니 나도 집에나 가야겠다.

응? 이게 그렇게 비싸? 영화보다 비싸?

거기다 우리 자리가 앞자리인 거 같아. 그럼 더 비쌀 거야.

후후~ 훨씬 더 비싸거든?

도훈이 너 말은 그렇게 해도 비싼 티켓 그냥 받아서 좋은 거지?

오! 나는 관심이 없어서 몰랐지. 생각해 보니 좋은걸?

하하. 아깐 아린이가 주는 티켓은 안 받겠다고 해 놓고서?

그땐 성하가 안 가니까 나도!

응?

헙!

뭐라고?

아, 아무것도 아니야! 아무튼 같이 가는 거다?

그래.

우리도 티켓 구경하자~

아이들이 진짜 부러워하겠다! 신 나~

후우~ 엉뚱한 말이 튀어나올 뻔했네······.

휴우...

나는 다 들었는데.

불쑥

성하 때문에 가는 거 엄청 티 나는데 본인은 모르겠지.

......

나도 갈 거야……. 콘서트.

엄청 신 나. 빨리 콘서트 날이 왔으면~!

너도 가니까, 나도 갈 거라고.

재진 오빠
......

......

두근...

벌써부터
두근거려.

어떤 날을
기다리는 건 참
설레는 일이야.

성하야, 오이 좀 더 가져오렴.

네~

오이 팩을 하니 십 년은 더 젊어질 거 같네. 호호호~

냠냠

냠. 오이도 아주 싱싱 해요.

아아…….
좋다~

두근 두근

내일 재진 오빠의 콘서트에 간다니 믿겨지지 않아요.

파앗

너 그거 때문에 오이 팩 하자고 말한 거지?

어릴 적부터 재진이 뒤를 졸졸 따라 다니더니~

뜨끔

내, 내가 언제?

이제 우리 성하 재진이랑 결혼하면 되겠네~

어, 엄마도 참!

겨, 결혼이라니……

한편, 내일은 슈퍼아이돌 '루키'의 콘서트가 있습니다.

몰라~ 몰라~ 난 몰라~~~

으이구……

데굴

데굴

앗!

벌떡

안녕하세요. 루키입니다. 우리가 드디어 내일 콘서트를 합니다!

모두 꼭 와 주실 거죠?

재진 오빠
......

그렇게 좋아?

아, 아니라 니까~~

호호호호~

하아···

난 그저 재진 오빠의 콘서트에 갈 수 있어서 기쁜 것 뿐이야.

와아

내일은 분명 ......

엄청 즐거운 하루가 되겠지?

후후
…….

무대와 가까운
곳으로 예매도
했고, 이제 남은
건…….

두근
두근

꺄아아악

타
다
닥

드디어 내일 루키
오빠들의 콘서트라니!
신 난다~

야호~!

우리 재진
오빠랑 만나는
것 뿐~!

어쩜 우리 재진 오빠는 이렇게 멋있을까?

두근 두근

오빠, 조금만 기다려요. 나 한서리가 오빠를 만나러 갈 거예요~

내가 오빠를 위해서 얼마나 노력했는지 안다면 깜짝 놀랄걸요.

1년 전

하아~ 따분해. 뭐 재미 있는 거 없을까?

가슴 두근거리는 그런…….

자! 요즘 떠오르는 신인 가수 입니다!

와아아~

그렇게 나의 루키 사랑이 시작되었지~

딴따란~~

어쩜 저리 춤도 잘 추고.

재진 오빠가 제일 멋져~

서리야, 이제 그만 좀 보렴. 어서 가서 숙제 해야지.

안 돼! 엄마~ 이것만 보고 할게 요. 이건 꼭 봐야 해요!

탁!

어이쿠 …….

루키 오빠들 나오는 부분만 녹화하고 있단 말이에요~

어휴, 그 정성으로 공부하면 1등도 하겠다.

그래, 쟤네 중에 서리가 제일 좋아하 는 애가 누구야?

저기, 저 가운데……

*안성맞춤 : 조건이나 상황이 어떤 경우에 잘 어울림.

30분 후

멋진 사진첩을 만들어서 팬 카페에 자랑해야지!

타닥

자, 그럼 아까 루키 오빠들 영상 올린 건 반응이 어떤지 볼까?

오! 댓글이 많이 달렸는데?

응?

댓글쓰기

공구중
재진 오빠 내 꺼!

└ 비밀 답글입니다.

프리
나는 재진 오빠 실제로 봤다!

└ 새롬
멋져 멋져~~!!!

동구
손도 잡아 봤어~~~

다들 왜 이래? 재진 오빠는 내 거라고!

왜 다들 자기들
거라는 거야?
하아~ 속상해.

재진 오빠가
나만의 것이면
얼마나 좋을까.

으윽···

내가
그렇게 되게
해 줄까?

엇!

휙

누, 누구?

!!!!

두

둥

44

정말 재진 오빠를 만날 수 있는 거야? 정말이지?

물론이야. 저 애를 생각하는 네 마음이 얼마나 깊은지에 달렸지만.

그건 자신 있어!

호오~ 아주 마음에 들어.

내가 네 보석을 예쁜 빛으로 만들어 줄게.

으...... 기분이......

스으윽

점점 자신감이 생기지 않아?

스으으

파앗

응...... 왠지 당장이라도 재진 오빠를 가질 수 있을 것 같아.

하하하하~

기분이 어때?

정말 좋아. 자신감이 생겼어!

마법에 성공한 것 같군요. 어둠의 기운이 넘칩니다.

호호호---

이제 재진 오빠를 아무에게도 뺏기지 않을 거야.

키 이 어 잉

재진 오빠는 내 거니까!

휘 이 이 잉

재진아,
왜 그래?

아~ 죄송해요.
괜히 기분이
이상해서…….

대형 콘서트라서
재진이도 긴장한 거야?
그럴 필요 없어.
다 잘 될 거야.

하하.
그렇겠죠?

자, 그럼 잠깐만
쉬고 10분 후에
다시 시작한다.

네~

하아~
힘들다.

벌써 내일이
콘서트라니,
안 믿겨져~

꿀꺽
꿀꺽

성하…….
내일 오겠지?

씨익

잘 마무리해서
모두에게 좋은
모습을 보여 줄
거야. 꼭!

파

악

52

많은 사람들이
모이는 콘서트에서
어둠의 기운을 퍼뜨리는
계획이라니, 네로가 보면
깜짝 놀라겠군.

너의 생각이
아주 마음에 들어!
오호호호!

키득 키득

앞으로 더
재미있을 겁니다.

키
이
잉

내일 저 어둠의
힘이 모두에게 가득
할 테니까요.

씨익

내일은 분명 꼭 신 나는 날일 거야.

하하하하!!!

어떤 수를 ☐로 나타내고 ☐의 값 구하기

퀴즈 1 ▶ 아린이는 삼촌께 티켓을 받아 아이들에게 몇 장을 나누어 주었어요. 아린이가 티켓을 몇 장 나누어 주었는지 ☐를 사용하여 알맞은 식을 써 보세요.

아린아, 고마워~

삼촌이 나한테 콘서트 티켓 11장을 주셨어!

나눠 주고 나니 5장밖에 안 남았네.

식 ( )

퀴즈 2 ▶ 루키 멤버들은 콘서트를 앞두고 안무 연습을 하고 있어요. 오늘은 안무 연습을 몇 번 했는지 ☐를 사용한 식을 쓰고 답을 구해 보세요.

어제는 우리가 48번 연습했지?

네, 형.

오늘 연습한 것까지 더하면 모두 74번이나 연습했네. 다들 수고했어!

식 ( )

답 ( )

 퀴즈 **3** ▶

서리가 인터넷으로 댓글을 보고 있습니다. 서리가 본 댓글 중 루키 오빠들에 대한 댓글은 몇 개인지 ☐를 사용한 식을 쓰고 답을 구해 보세요.

오! 댓글이 63개 나 달렸는데?

재진 오빠 역시 내 거!!

ㄴ 비밀 답글입니다.

프리 나는 재진 오빠 실제로 봤다!

새롬 멋쪄 멋쪄~~!!!

둥구 손도 잡아 봤어~~~

전체 댓글에서 루키 오빠들에 대한 댓글을 빼면 6개 밖에 없네.

후훗. 역시 루키 오빠들이 제일 인기가 많아~

식 (   )

답 (   )

제 2 화
어둠의 콘서트

짹 짹 짹

카웅!

벌떡

드디어 오늘이다! 콘서트 날!

깜짝이야. 학교 갈 때 그렇게 좀 일어나 봐.

루루 랄라~

그 말은 넌 집에 있겠다는 거지?

윽! 아, 아냐! 얼른 가자! 하하!

어쩜 좋아~
두근거려!!

두근
두근

진정
하라고~

성하야~!

!

여기
있었구나.

ㅉㅏ

ㅈㅏㄴ

은비야,
너 옷이······.

우와~ 저 애
옷 좀 봐.

이런 날 이
정도는 입어 줘야
지. 어때?

응, 튀지만
예뻐.

나도 예쁘게
입고 올걸. 루키
오빠들이 한번
봐 줄 수도
있는데······.

내가 또 다른 보석요정 의상도 만들어서 가져왔어. 너도 오늘 입어 봐.

하하~ 난 오늘은 됐어.

오늘은 보석요정으로 온 게 아니니까 괜찮아. 하하하!

둘 다 그렇게 옷 입고 있으면 엄청 튀긴 하겠다. 하하~

흠~ 벌써 다 왔네.

앗, 도훈이도 일찍 나왔구나?

늦으면 안 돼! 뭐 입지?

따르르르릉

으흠, 난 원래 잘 일어나. 절대 억지로 일찍 일어난 건 아니 라고.

루키 오빠들 한테 관심 없다 면서 카메라도 가져왔네?

난 늘 카메라를 들고 다녀. 그리고 성하도 찍어야……

응?

헙! 아, 아니야!

하하!

61

성하도 많이 찍어야지. 아직 성하의 비밀도 알아내지 못했으니…….

아무튼 어서 가자.

성하야, 근데 도훈이 밖에서 보니까 좀 멋있다. 그렇지?

응?

타다닥

음…….

글쎄?

두근

응? 성하 너 얼굴이 빨간데?

하하하! 어서 가자!

내가 왜 이러지?

우와~ 사람 정말 많다.

재진 오빠네 그룹을 좋아하는 사람들이 이렇게 많구나.

어서 우리도 줄 서자! 성하야!

응!

후다닥

스윽

조금만 기다려요. 재진 오빠.

씨익

서리가
갈게요.

후후...

팬클럽
풍선 나눠
드립니다~

받아
가세요~

루키팬클럽
풍선 나눠드립니다

벌써 꽤
받아갔지?

응. 사람
많다~

자! 이제부터
풍선이 몇 개 남았는지
확인하겠습니다!
두 사람씩 남은
풍선의 수를
말해 주세요!

앗! 팬클럽
회장이다.

우리가 받았던
풍선 중 몇 개가
남았냐고?

난 아까 36개를
가져왔어.

Quiz

계산을 하시오.

(1) $47 + 28 - 39$

(2) $72 - 45 + 56$

▶ 정답은 68쪽에

풍선 예쁘다. 도훈이 너는 안 받아?

난 됐어.

기대된다!

어서 들어가자~

스윽

두 둥

사람이 참 많네. 재진 오빠랑 나만 있으면 되는 걸……

풍선 가져가세요~

!!

*퍼뜨리다 : 멀리 퍼지게 하다

이렇게 재미 있는 모습이라니. 하하하하!

하하하

그렇게 좋습니까?

당연하지! 저 애들 좀 보라고. 저렇게 많이 어둠의 기운을 뿜어 내잖아.

내가 흑마법으로 한 명씩 상대했다면 시간도 많이 걸리고 힘도 바닥났을 거야.

이얍! 이얍! 언제 끝나!

아직도 많이 남았습니다.

아우~ 밀지 마!

그런데 인간의 욕심을 이용한 마법을 걸고 스스로 어둠을 늘려 나가게 하다니……

이번 네 계획은 정말 놀라워!

후후~ 뭘 이 정도로…….

아이들이 어둠의 힘에 빠질수록 더 재미있게 될 테니 기대해도 좋습니다.

좋아! 이 귀여운 아이들을 네로에게도 어서 보여 주고 싶군.

네로라면 아까 콘서트장 안으로 들어 가는 것을 봤습니다.

잠시 후엔 보고 싶지 않아도 보겠죠.

네로가 얼마나 놀랄지 궁금한데? 하하하! 이 많은 아이들을 어떻게 할까?

후후~ 수가 많아서 꽤 어려 울 겁니다.

씨익

슈우우우

쿠

웅

이번엔 그 누구도 우릴 막을 수 없다. 으하하하하~!

응? 귀가
가려운데……

성하야, 뭐가
기분이 이상한 것
같지 않아?

응?

이상하긴 뭐가?
괜히 심심해서 말
걸지 말고 얌전히
들어가 있어.

꾸욱~

윽!

이제 곧
시작한단
말이야.

두근

두근

언제 시작
하려나……

웅성

웅성

웅성

촤

악

루키의 콘서트에
온 여러분을
환영합니다!

재진 오빠~ 정말 멋있다.

까야아야~

네~ 여자 친구 되어줄게요!

오빠! 제가 오빠 여자 친구 예요!

까야아야~~

성하 너도 저렇게 노래에 대답하는 건 아니겠지? 여자 친구 후보가 엄청 많겠다?

윽......

스윽

크크~ 200번째 여자 친구?

시끄러워! 난 그런 생각 안 했단 말이야.

꾸욱

윽!

난 그냥 재진 오빠를 응원하고 싶을 뿐이라고.

여기 서면 저쪽에
보일 텐데……

난 너에게~~ 반했어~~~~ ♪

까야아아아~~

휙

두근 두근

꺅~! 재진 오빠가 나를 가리켰어!

서, 성하야! 지금 재진 오빠가 너한테 노래한 거 맞지?

아니야! 나를 가리켰어!

루키
대기실

자! 빨리!

10분짜리 영상 끝나고 루키 멤버들 한 명씩 개별무대가 시작되니까 서둘러 준비합시다!

네~!

하아~ 부담 돼. 개별무대 첫 순서가 나라니, 너무해~

네가 번호표를 그렇게 뽑았잖아. 하하!

이럴 수가!

대신 첫 번째 무대 하고 나서 좀 쉴 수 있잖아. 좋게 생각해.

응~

매니저 형, 제 무대에 아까 말한 조명 넣었죠?

응. 완벽해~

동호야, 너는 이 옷으로 갈아 입으렴.

척

네~

코디 누나가 골라 주는 동호 옷은 정말 귀엽다니까?

귀, 귀엽긴! 나도 멋있다는 이야기 많이 듣는다고~

호호. 귀여워~

전 화장실 좀 다녀올게요.

휙

빨리 다녀와.

참, 아까 무대에서 손으로 팬을 가리키며 부르는 거 좋았어. 역시 팬의 마음을 잘 안다니까.

하하~

그 사람이 나의 첫 번째 팬이거든요.

훗

그 팬은 정말 좋았겠다.

쩝. 다음엔 나도 그렇게 해 볼까?

쭈욱~

하암~ 목 좀 풀어 주면서 바람 좀 쐬어야지.

저벅 저벅

바람 쐬는 건 옥상이 최고지!

까익…

아아아~~ 저절로 노래가 될 것 같네.

쭈욱~

'CONCERT

방긋

다음 내 무대는 발라드니까 엄청 잘 불러서 성하에게 좋은 모습을 보여 줘야지.

아까 손가락으로 가리키니까 많이 놀란 것 같던 데…… 후후~

이번엔 또 어떤 표현을 해 줄…….

스으윽

어?

휙

자, 루키가 준비한
최고의 영상이 아직
남아 있습니다~

아~ 왜 이렇게
어지럽지.

너도 그래? 나도
기분이 이상해.

스르륵

여러분들이 원하는
루키의 방을 드디어
오늘 공개합니다!

이 기운은!

강한 어둠의
기운······.

왜 그래?

그래! 이제야
알겠어?

이건 틀림없는 미호의
어둠의 기운이야.
그것도 아주 많은
사람들에게 있어.

미호가 어떻게 이렇게 많은 사람들을 어둠의 기운에 사로잡 히게 할 수가 있지?

이럴 수가……. 마음의 보석 색깔이 모두 어두워졌어.

서, 성하야……. 나 어지러워.

은비야!

휘청

은비야! 괜찮아?

은비의 보석 색이!

키 이 잉

나도 기분이 좀 이상한데…….

!!

한 명씩 상대할 수도 없고…….

일단 보석요정으로 변한 뒤에 움직이는 게 편하겠어!

끄덕

응.

은비야, 나 보석요정 옷 지금 입을 수 있을까?

뭐?

소곤

소곤

그럼 지금 보석……. 읍!

쉿!

응? 뭐라 하는 거지?

지금 화장실로 같이 가서…….

응! 걱정 마!

소곤

소곤

혹시
보석요정?

따라가
볼까?

이번엔 꼭
*진실을 밝힐
거야.

보석요정을
만날 수 있는 기회
일지도 몰라.

꽈

악

*진실 : 거짓이 없이 바르고 참됨

여자화장실

자, 성하야.
여기 옷.

고마워.
은비야~

휙

이곳에 무슨
일이라도
생긴 거야?

쿵쾅
쿠웅
쿵

아직은 잘 모르겠어.
일단 나가서 살펴봐야
할 것 같아.

응? 근데
네로가 어디
갔지?

혹시 길 잃은
거 아냐?

걱정 마! 알아서
찾아올 거야~

응?

끼이익...

은비야, 나
다 입었어!

사 라 락

으차~

탁!

처

억

네로! 너 어디
있다 온 거야?
그것도 창문으로?

옷 다 갈아
입었어?

후후. 여긴
1층이라 가뿐해.

네로······.

언제 인간
으로 변신한
건데?

?

고양이 모습으로
나타날 순 없잖아.

아무튼 급하니까 빨리 나가자!

쯧쯧, 너 그러고 나갈 거야?

타닥

가면은 쓰고 나가야 할 거 아냐.
*덜렁대긴.

아참!

화끈

응? 왜?

휙

뜨끔

흔들

흔들

흠......

* 덜렁대다 : 조심성 없이 함부로 행동하다

으악!

꽈

당

* 버둥거리니까
그렇지~

꼭 그렇게
막 잡아
내려야겠어?

시간이
없잖아~

버럭

은비야, 그럼
뒤를 부탁해~

성하야,
조심하고~

음~

서둘러!

아……, 성하가
좀 부럽다.

*버둥거리다 : 매달리거나 눕거나 주저앉아서 팔다리를 내저으며 몸을 자꾸 움직이다.

성하가 원래 *변비야! 뭘 그런 걸 묻고 그래~

!!

변비?

성하야, 미안해. 이 방법 밖에…….

뭐지? 이 이상한 기분은~

그, 그렇구나. 나는 그런 줄도 모르고…….

그럼 우리 먼저 안으로 들어가 있자.

아니야, 들어가려면 너 먼저 들어가.

뭐? 왜?

두

둥

난 여기서 성하가 나올 때까지 기다릴 거야.

*변비 : 대변이 잘 배설되지 않고 창자 속에 오래 남아 있는 병

서, 서리라고 했나?
날 좋아해 주는 건
고마워.

저기······.

저는 공연장보다
오빠와 함께 있고
싶어요.

근데 왜
공연장에 안 있고
여기에······.

오빠.

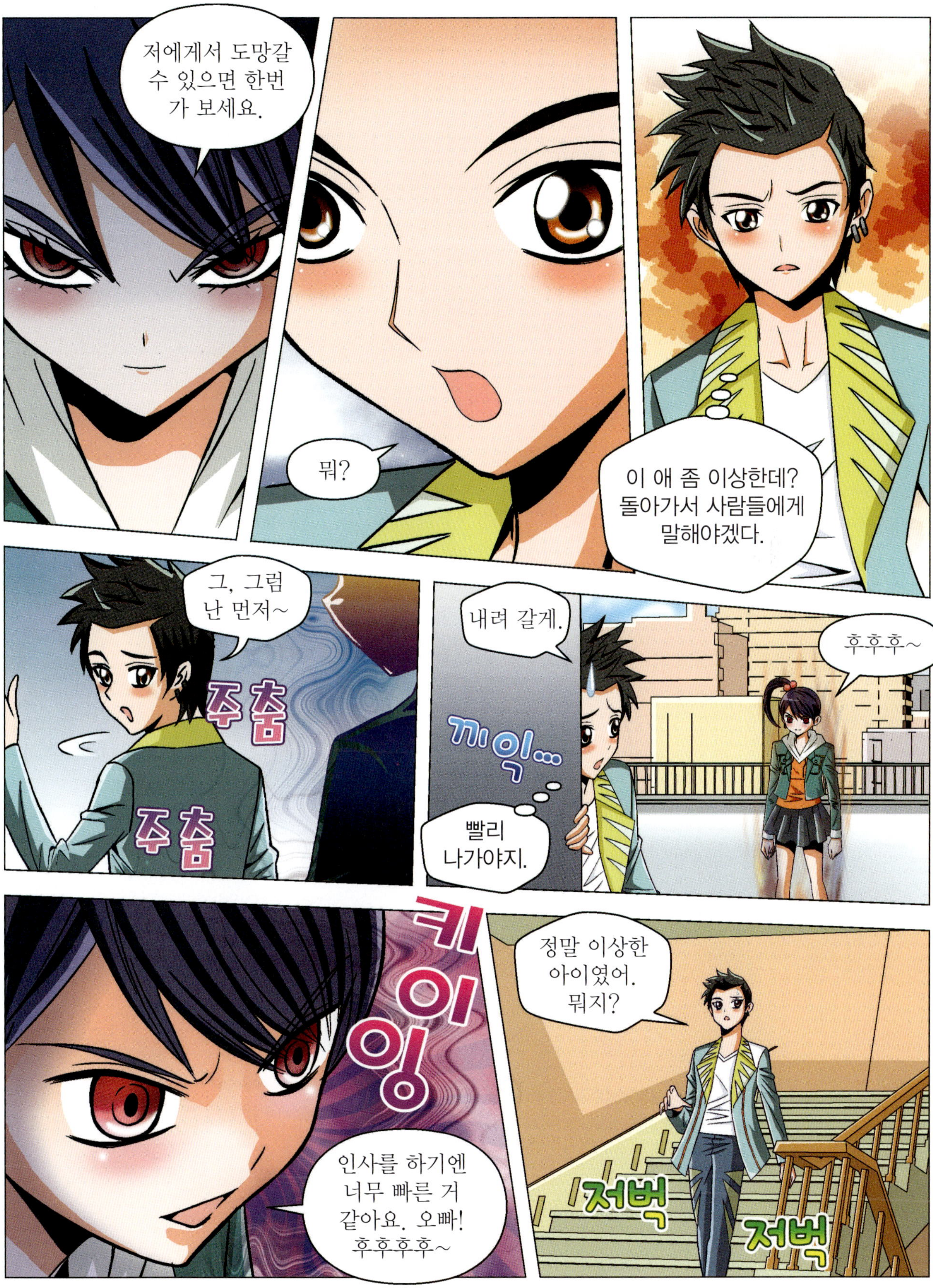

저에게서 도망갈 수 있으면 한번 가 보세요.

뭐?

이 애 좀 이상한데? 돌아가서 사람들에게 말해야겠다.

그, 그럼 난 먼저~

주춤

주춤

내려 갈게.

까익...

빨리 나가야지.

후후후~

키이잉

인사를 하기엔 너무 빠른 거 같아요. 오빠! 후후후후~

정말 이상한 아이였어. 뭐지?

저벅

저벅

어? 매니저 형!
저기 옥상에 이상한
애가~

형?

키이잉

형, 왜
그래요? 어디
아파요?

루키
대기실

끼익

애들아, 잠깐
나와 봐! 매니저
형이 이상해!

벌컥

스으으

쿠

궁

뭐, 뭐야.
모두들
왜 그래?

이리 와.

탁!

네?

파

앗

으악! 형까지
왜 그래요!

재진!

스
으
으

키

이

잉

넌 어서
서리에게
가야지~

뭐?

109

서리라면 아까 그 애를 말하는 거야?

내가 서리에게 데려다 줄게.

탁!

코, 코디 누나!

저에게서 도망갈 수 있으면 한번 가 보세요.

그 애가 한 말이 이런······.

누나, 이거 놔요!

왜 다들 갑자기 이상해진 거야?

타 다 다 다 다 다 닥

타다다닥

대체 어떻게 해야
하는 거지? 왜
사람들이······.

후후후~
재진 오빠!

키이이잉

도망가도
소용없어요.
후후후~

넌 대체
누구야?

대체
누구냐고!

타다닥

으…….

공연장

여기로 들어가면
무대인데……. 아직
쫓아오고 있겠지?

에잇! 일단
들어가자!

철

컥

어쩌지? 갑자기
나타나면 팬들이
놀랄 텐데…….

파
아

윽!
눈부셔~

일단 누구에게
도움을 요청
해야겠는데.

스으윽

응? 그런데
왜 이렇게
조용하지?

키이이잉

아니!

위이이이잉

꾹 잡아요!

누구..??

재진 오빠!

내가 구해 줄게요!

슈 우 우 웅

위험에 빠진 재진!
보석요정으로 나타난 성하가
재진을 구할 수 있을까요?

세 수의 계산

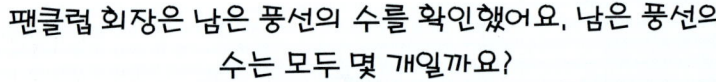

퀴즈 1

팬클럽 회장은 남은 풍선의 수를 확인했어요. 남은 풍선의 수는 모두 몇 개일까요?

남은 풍선의 수를 말해 주세요!

저희는 16개예요.

저희는 28개요.

저희는 12개예요.

(   )

퀴즈 2

사람들이 콘서트 장에 들어가기 위해 줄을 서 있어요. 현재 줄을 서 있는 사람은 몇 명일까요?

우와~ 51명이 줄을 서 있어!

근데 방금 9명이 화장실로 갔어.

엇! 또 24명이 더 줄을 섰어. 그럼 지금 줄을 몇 명이나 서 있는 거지?

(   )

정답은 135쪽에

퀴즈 3

콘서트에서 루키의 영상이 나오고 있어요. 루키 멤버들의 방 안에 팬들의 선물이 있네요. 최고형빈과 하늘동호가 받은 선물은 동방재진이 받은 선물보다 몇 개 더 많을까요?

짠~ 이곳이 바로 우리 루키가 사는 곳입니다!

여기는 제 방이에요. 팬 분들이 선물을 28개나 보내 주셨어요.

여기는 제 방이에요. 저도 팬 분들이 선물을 17개나 보내 주셨죠.

여기는 제 방인데 팬 분들이 선물을 39개나 보내 주셨어요.

오~ 역시 가장 인기 많은 동방재진이야!

( )

스토리텔링 문제

1 도훈이는 성하 사진을 어제는 26장, 오늘은 28장 찍었습니다. 도훈이가 찍은 사진은 모두 몇 장인지 구하시오.

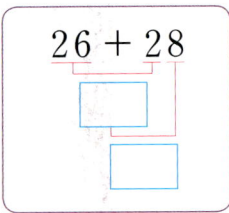

$$26 + 28$$

2 아린이는 삼촌에게 티켓을 받기 위해 설거지를 14번, 방 청소를 19번 했습니다. 아린이가 한 일은 모두 몇 번인지 구하시오.

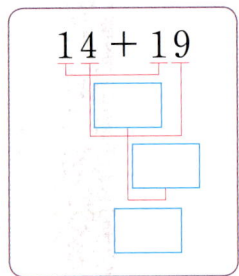

$$14 + 19$$

정답은 135쪽에

ㅋ 루키 콘서트 티켓은 첫날 오전에 49장, 오후에 48장 팔렸습니다. 하루 동안 팔린 티켓은 모두 몇 장인지 구하시오.

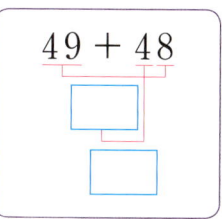

$$49 + 48$$

개념 스토리 2 여러 가지 방법으로 뺄셈하기

4 재진이는 콘서트를 위해 노래 연습을 83번, 안무 연습을 69번 했습니다. 노래 연습은 안무 연습보다 몇 번 더 했는지 구하시오.

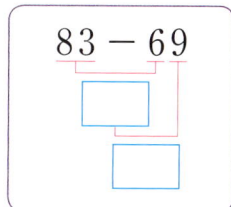

$$83 - 69$$

5 아이들이 아린이에게 티켓을 달라고 몰려왔습니다. 여학생이 24명, 남학생이 15명 몰려왔다면 여학생은 남학생보다 몇 명 더 많은지 구하시오.

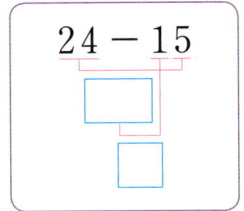

$$24 - 15$$

6 성하는 콘서트에 가기 전에 오이팩을 했습니다. 오이 조각 35개 중에서 17개를 사용했다면 남은 오이 조각은 몇 개인지 구하시오.

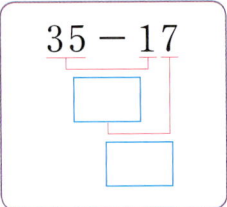

$$35 - 17$$

채팅

35 - 17을 여러 가지 방법으로 계산해 볼까?

35에서 10을 먼저 뺀 후 그 결과에서 7을 빼는 방법이 있어.

35에서 7을 먼저 뺀 후 그 결과에서 10을 빼도 돼.

오~ 이제 실력이 많이 늘었는걸?

개념 스토리 3 받아내림이 있는 (세 자리 수)—(두 자리 수)

125번 던져서 57번 들어갔으니까 125−57=68(번)이나 안 들어갔네.

기분도 별로인데 농구나 해야겠다.

7 서리는 재진 오빠 사진을 142장, 루키 포스터를 75장 가지고 있습니다. 서리는 재진 오빠 사진을 루키 포스터보다 몇 장 더 가지고 있습니까?

역시 재진 오빠 사진이 많네. 더 많이 모아야지.

(   )

8 팬클럽 게시판에 댓글을 서리는 183번, 성하는 89번 썼습니다. 서리는 성하보다 댓글을 몇 번 더 썼습니까?

앗싸~ 댓글을 내가 제일 많이 쓸 거야.

(   )

9 은비는 콘서트에 갈 때 입을 옷에 장식을 하려고 합니다. 큐빅 114개 중에서 38 개를 사용했다면 남은 큐빅은 몇 개입니까?

콘서트에 가니까 옷을 화려하게 장식해야지.

(   )

개념 스토리 4   덧셈과 뺄셈의 관계

성하가 콘서트에 가서 친구들과 먹을 수 있게 김밥을 만들어야겠다.

김밥 35개 중에서 19개가 터져서 35−19=16(개)만 괜찮 네. 처음에 만든 김밥은 19+16=35(개) 였는데.

10 엄마는 성하에게 콘서트에 가기 전에 수학 문제를 다 풀고 가라고 했습니다. 성하가 쓴 덧셈식을 보고 뺄셈식을 2개 만들어 보시오.

하~ 이걸 어떻게 뺄셈식으로 만들더라.

47+25=72

(,   )

정답은 135쪽에

11 아린이는 도훈이에게 샌드위치를 싸 주려고 치즈를 18장, 햄을 14장 샀습니다. 아린이가 산 치즈의 수를 뺄셈식으로 나타내어 보시오.

도훈이에게 맛있는 샌드위치를 싸 주면 나랑 콘서트에 같이 갈 거야!

(   )

12 서리는 루키 동영상 32개 중에서 15개를 올렸습니다. 동영상의 수를 구하는 덧셈식을 2개 만들어 보시오.

동영상을 15개 올렸으니까 아직 $32-15=17$(개)가 남았군. 얼른 다 올려야지!

(,   )

13 재진이는 콘서트 준비를 하는 동안 물 54병 중에서 38병을 마셨습니다. 재진이가 마시고 남은 물병의 수를 뺄셈식으로 나타내어 보고, 뺄셈식을 보고 덧셈식을 2개 만들어 보시오.

뺄셈식 _____

덧셈식 _____ ,

스토리텔링 문제

개념 스토리 5 — 어떤 수를 □로 나타내고 □의 값 구하기

14 도훈이는 계산 문제 15문제와 문장제 문제 몇 문제를 적었더니 문제는 모두 24문제가 되었습니다. 도훈이가 적은 문장제 문제는 몇 문제인지 □를 사용하여 알맞은 식을 쓰고 답을 구하시오.

식 (   )

답 (   )

15 그림을 보고 처음 미호가 가지고 있던 빵은 모두 몇 개였는지 구하시오.

(   )

정답은 135쪽에

16 개미굴에서 개미 31마리가 줄을 맞춰 나오다가 도훈이가 뿌린 설탕을 물고 몇 마리가 개미굴로 들어갔습니다. 지금 남은 개미가 14마리라면 설탕을 물고 들어 간 개미는 몇 마리인지 □를 사용하여 알맞은 식을 쓰고 답을 구하시오.

식 (   )

답 (   )

17 아이들은 산에 올라가서 돌 82개로 쌓은 돌탑 앞에서 기념사진을 찍다가 잘못하여 돌 몇 개가 굴러 떨어져 35개만 남았습니다. 굴러 떨어진 돌은 몇 개입니까?

(   )

18 오늘 한 서점에서 아이돌 그룹 루키의 새 음반 CD 중에서 28장이 팔리고 16장이 남았습니다. 이 서점에 처음에 있던 루키의 새 음반은 몇 장이었습니까?

(   )

스토리텔링 문제

개념 스토리 6　●＋▲－★의 계산

19 아린이는 장미 23송이와 백합 29송이 중 꽃바구니를 만들고 15송이를 남겼습니다. 아린이가 꽃바구니를 만드는 데 사용한 꽃은 모두 몇 송이입니까?

(　　　　　　　　)

20 성하와 네로는 빵집에 가서 크림빵 17개와 단팥빵 25개를 샀습니다. 그중에서 36개를 친구들에게 나누어 주었다면 남은 빵은 몇 개입니까?

(　　　　　　　　　　　　　　　)

정답은 135쪽에

21 그림을 보고 남은 자리의 수를 구하시오.

표는 1층 48석, 2층 36석 남았습니다.

방금 15석이 팔렸습니다.

채팅

덧셈과 뺄셈이 섞여 있는 계산은 어떻게 하지?

앞에서부터 두 수씩 차례로 계산하면 돼!

(   )

22 종이 비행기를 성하는 16개, 은비는 18개를 접어 그중에서 12개를 창밖으로 날렸습니다. 남은 종이 비행기는 몇 개입니까?

(   )

23 은비는 원피스에 ★ 모양 장식 48개와 ♥ 모양 장식 23개를 달았습니다. 그림을 보고 은비의 원피스에 남은 장식은 모두 몇 개입니까?

장식이 너무 많으니 18개를 빼렴!

네. 그럴게요.

(   )

스토리텔링 문제

🖥️ 개념 스토리 7 ● − ▲ + ★의 계산

24 그림을 보고 지금 다람쥐가 모은 도토리는 몇 개인지 구하시오.

(   )

25 성하가 탄 버스에 42명이 타고 있습니다. 다음 정류장에서 26명이 내리고 18명이 더 탔습니다. 지금 버스에 타고 있는 사람은 몇 명입니까?

(   )

정답은 135쪽에

26 수족관에서 열대어 구피를 92마리를 준비하여 관람객 48명에게 한 마리씩 나누어 주고 35마리를 더 준비하였습니다. 남아 있는 구피는 몇 마리입니까?

채팅

구피는 튼튼하고 활동적이고 새끼도 많이 낳아.

나두 길러 봐야지!

성하야, 생명을 돌볼 때는 책임감이 있어야 해!

응, 잘 보살필게.

(   )

27 엄마와 성하가 만든 송편 62개 중에서 15개를 먹고 24개를 더 만들어 할머니께 드렸습니다. 할머니께 드린 송편은 몇 개입니까?

할머니께 송편을 만들어 드리자!

예쁘게 만들어야지!

(   )

28 은비는 옷에 노란색 구슬 32개를 달았는데 18개가 떨어져서 다시 하늘색 구슬 24개를 달았습니다. 옷에 달린 구슬은 모두 몇 개입니까?

(   )

왜 자꾸 구슬이 떨어질까?

• 삼각수와 사각수

삼각수는 일정한 물건으로 삼각형 모양을 만들어 늘어놓았을 때 삼각형을 만들기 위해 사용된 물건의 수를 말합니다. 삼각수는 피타고라스 학파에서 처음 생각해 낸 것입니다.

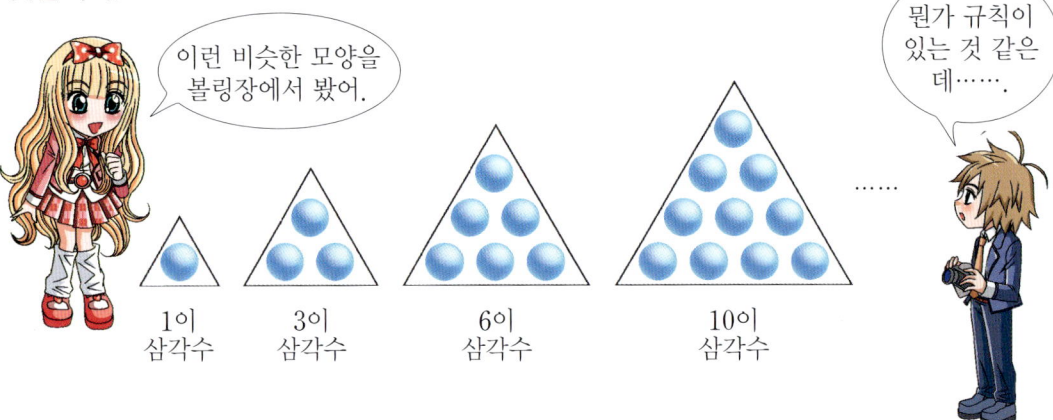

이런 비슷한 모양을 볼링장에서 봤어.

뭔가 규칙이 있는 것 같은데…….

1이 삼각수   3이 삼각수   6이 삼각수   10이 삼각수   ……

주변에서 볼 수 있는 삼각수

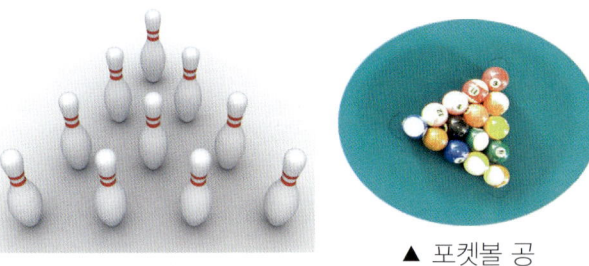

▲ 볼링 핀

▲ 포켓볼 공

Tip

피타고라스 학파
고대 그리스의 철학자이자 수학자였던 피타고라스와 그의 제자를 통해 번성했던 고대 그리스 철학의 한 학파입니다. 피타고라스 학파는 수를 만물의 근원이자 철학의 핵심으로 생각하였습니다.

◀ 피타고라스

1, 3, 6, 10, ······ 삼각수의 규칙을 찾아 보면 연속된 자연수의 합이 된다는 것을 알 수 있습니다.

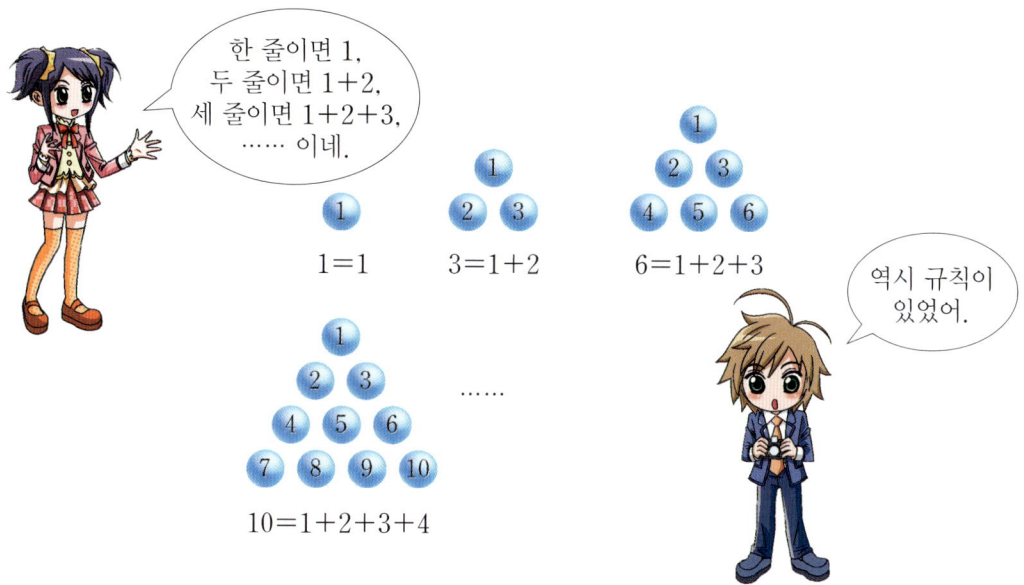

한 줄이면 1,
두 줄이면 1+2,
세 줄이면 1+2+3,
······ 이네.

1=1   3=1+2   6=1+2+3

······

10=1+2+3+4

역시 규칙이 있었어.

 그럼 사각수에 대해서도 알아볼까요?

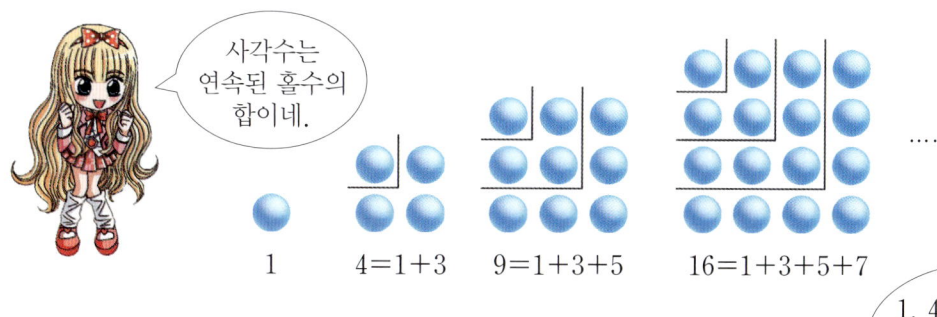

사각수는 연속된 홀수의 합이네.

1   4=1+3   9=1+3+5   16=1+3+5+7

······

1, 4, 9, 16, ······이 사각수가 됩니다.

$$1=1\times1$$
$$4=2\times2$$
$$9=3\times3$$
$$16=4\times4$$

1, 4, 9, 16, ······ 은 어디서 많이 본 수인데······.

1, 4, 9, 16, ······은 같은 두 수의 곱이기도 합니다.

삼각수와 사각수는 어떤 관계가 있을까요?

삼각수 : 1, 3, 6, 10, 15, ……

바로 옆에 있는 삼각수끼리 더해 보면

$1+3=4, 3+6=9, 6+10=16, 10+15=25,$ ……

4, 9, 16, 25, ……가 됩니다.

바로 옆에 있는 삼각수끼리 더하면 사각수가 된답니다.

4, 9, 16, 25, ……
바로 앞쪽에서
봤던 수잖아.

우와~
신기하다.

조선 시대의 수학자 황윤석이 쓴 수학책 「이수신편」에는 과자 쌓기 문제가 있습니다.

1층으로 쌓는 데에는 과자 1개, 2층으로 쌓는 데에는 과자 $1+3=4$(개), 3층으로 쌓는 데에는 $1+3+6=10$(개), 4층으로 쌓는 데에는 $1+3+6+10=20$(개), 5층으로 쌓는 데에는 $1+3+6+10+15=35$(개)의 과자가 필요합니다.

1, 4, 10, 20, 35, ……는 삼각수의 합이라고 할 수 있습니다.

  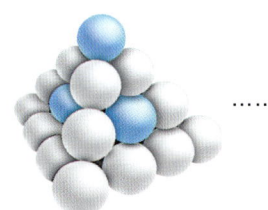 ……

1개 $1+3=4$(개) $1+3+6=10$(개) $1+3+6+10=20$(개)

퀴즈

1 볼링 경기에 사용하는 볼링 핀은 10개이며, 이것은 4번째 삼각수입니다. 10번째 삼각수는 얼마입니까?   (   )

2 1이 첫 번째 사각수일 때 10번째 사각수는 얼마입니까?
                              (   )

정답과 풀이

<table>
<tr><td colspan="2">

1화 개념체크 56~57쪽

퀴즈 1 $11-\square=5$

퀴즈 2 $48+\square=74$; 26번

퀴즈 3 $63-\square=6$; 57개

</td></tr>
</table>

풀이

1 티켓 11장을 가지고 있었는데 □장을 나눠 주고 나니 5장이 남았습니다.

➡ $11-\square=5$

2 오늘 안무 연습한 횟수를 □로 하여 덧셈식으로 나타냅니다.

$48+\square=74$, $74-48=\square$, $\square=26$

3 루키 오빠들에 대한 댓글의 수를 □로 하여 뺄셈식으로 나타냅니다.

$63-\square=6$, $63-6=\square$, $\square=57$

2화 개념체크 118~119쪽

퀴즈 1 56개

퀴즈 2 66명

퀴즈 3 6개

풀이

1 $16+28+12=56$(개)

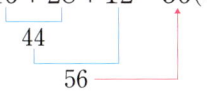

2 $51-9+24=66$(명)

3 $28+17-39=6$(개)

스토리텔링 문제   120~131쪽

1 $26+28$ 46   54

2 $14+19$ 20   13   33

3 $49+48$ 57   97

4 $83-69$ 23   14

5 $24-15$ 19   9

6 $35-17$ 25   18

7 67장

8 94번

9 76개

10 $72-47=25$, $72-25=47$

11 $32-14=18$

12 $15+17=32$, $17+15=32$

13 $54-38=16$; $38+16=54$, $16+38=54$

14 $15+\square=24$; 9문제

15 14개

16 $31-\square=14$; 17마리

17 47개   **18** 44장

19 37송이   **20** 6개

21 69석   **22** 22개

23 53개   **24** 54개

25 34명   **26** 79마리

27 71개   **28** 38개

풀이

1 $28=20+8$로 생각하여 26에 20을 먼저 더한 후 8을 더하면 $26+28=54$입니다.

2 $14=10+4$, $19=10+9$로 생각하여 10과 10을 더하고 4와 9를 더한 후 두 수를 더하면 $14+19=33$입니다.

3 $48=40+8$로 생각하여 49에 8을 먼저 더한 후 40을 더하면 $49+48=97$입니다.

4 $69=60+9$로 생각하여 83에서 60을 먼저 뺀 후 9를 빼면 $83-69=14$입니다.

5 $15=10+5$로 생각하여 24에서 5를 먼저 뺀 후 10을 빼면 $24-15=9$입니다.

6 $17=10+7$로 생각하여 35에서 10을 먼저 뺀 후 7을 빼면 $35-17=18$입니다.

7 $142-75=67$(장)

8 $183-89=94$(번)

9 $114-38=76$(개)

10 $47+25=72$
$72-47=25$
$72-25=47$

11 $18+14=32$
$32-14=18$

12 $32-15=17$
$15+17=32$
$17+15=32$

13 $54-38=16$ $54-38=16$
$38+16=54$ $16+38=54$

14 문장제 문제를 □라고 하면
$15+□=24$에서 $24-15=□$이므로
□$=9$입니다.

15 처음 미호가 가지고 있던 빵을 □라고 하면
□$-6=8$에서 $8+6=□$이므로
□$=14$입니다.

16 설탕을 물고 들어간 개미를 □라고 하면
$31-□=14$에서 $31-14=□$이므로
□$=17$입니다.

17 굴러 떨어진 돌을 □라고 하면
$82-□=35$에서 $82-35=□$이므로
□$=47$입니다.

18 처음에 있던 루키의 새 음반을 □라고 하면
□$-28=16$에서 $28+16=□$이므로
□$=44$입니다.

19 $23+29-15=52-15$
$=37$(송이)

20 $17+25-36=42-36$
$=6$(개)

21 $48+36-15=84-15$
$=69$(석)

22 $16+18-12=34-12$
$=22$(개)

23 $48+23-18=71-18$
$=53$(개)

24 $32-13+35=19+35$
$=54$(개)

25 $42-26+18=16+18$
$=34$(명)

26 $92-48+35=44+35$
$=79$(마리)

27 $62-15+24=47+24$
$=71$(개)

28 $32-18+24=14+24$
$=38$(개)

수학 지식의 백과사전 134쪽

1 55   **2** 100

풀이

1 삼각수의 규칙은 연속된 자연수의 합이므로 10번째 삼각수는 1부터 10까지 자연수의 합입니다.
$1+2+3+4+5+6+7+8+9+10$
$=55$

2 사각수는 같은 두 수의 곱과 같으므로 10번째 사각수는 $10×10=100$입니다.